Health 125

谁最甜？

Who is the Sweetest?

Gunter Pauli

冈特·鲍利 著

凯瑟琳娜·巴赫 绘

章里西 译

学林出版社
www.xuelinpress.com

特别感谢以下热心人士对译稿润色工作的支持：

王必斗　王明远　王云斋　徐小怗　梅益凤　田荣义

乔　旭　张跃跃　王　征　厉　云　戴　虹　王　逊

李　璐　张兆旭　叶大伟　于　辉　李　雪　刘彦鑫

刘晋邑　乌　佳　潘　旭　白永喆　朱　廷　刘庭秀

朱　溪　魏辅文　唐亚飞　张海鹏　刘　在　张敬尧

邱俊松　程　超　孙鑫晶　朱　青　赵　锋　胡　玮

丁　蓓　张朝鑫　史　苗　陈来秀　冯　朴　何　明

郭昌奉　王　强　杨永玉　余　刚　姚志彬　兰　兵

廖　莹　张先斌

目录

Contents

中国罗汉果和俄罗斯桦树正在讨论，最甜又最有利于健康的糖究竟是什么。

罗汉果先发话了：“现在看来，甘蔗糖和甜菜糖肯定已经不在讨论之列了。它们确实甜，但会让牙齿上滋生细菌，还会让大家发胖。”

A Chinese monk fruit and a Russian birch tree are debating who is the sweetest and the healthiest on earth.

“Of course cane and beet sugar is out of the question nowadays. It is sweet but it feeds bacteria on your teeth and makes everyone gain too much weight,” opens the monk fruit.

最甜又最有利于健康的糖究竟是什么

Who is the sweetest and healthiest on earth

人工合成甜味剂是化学制品

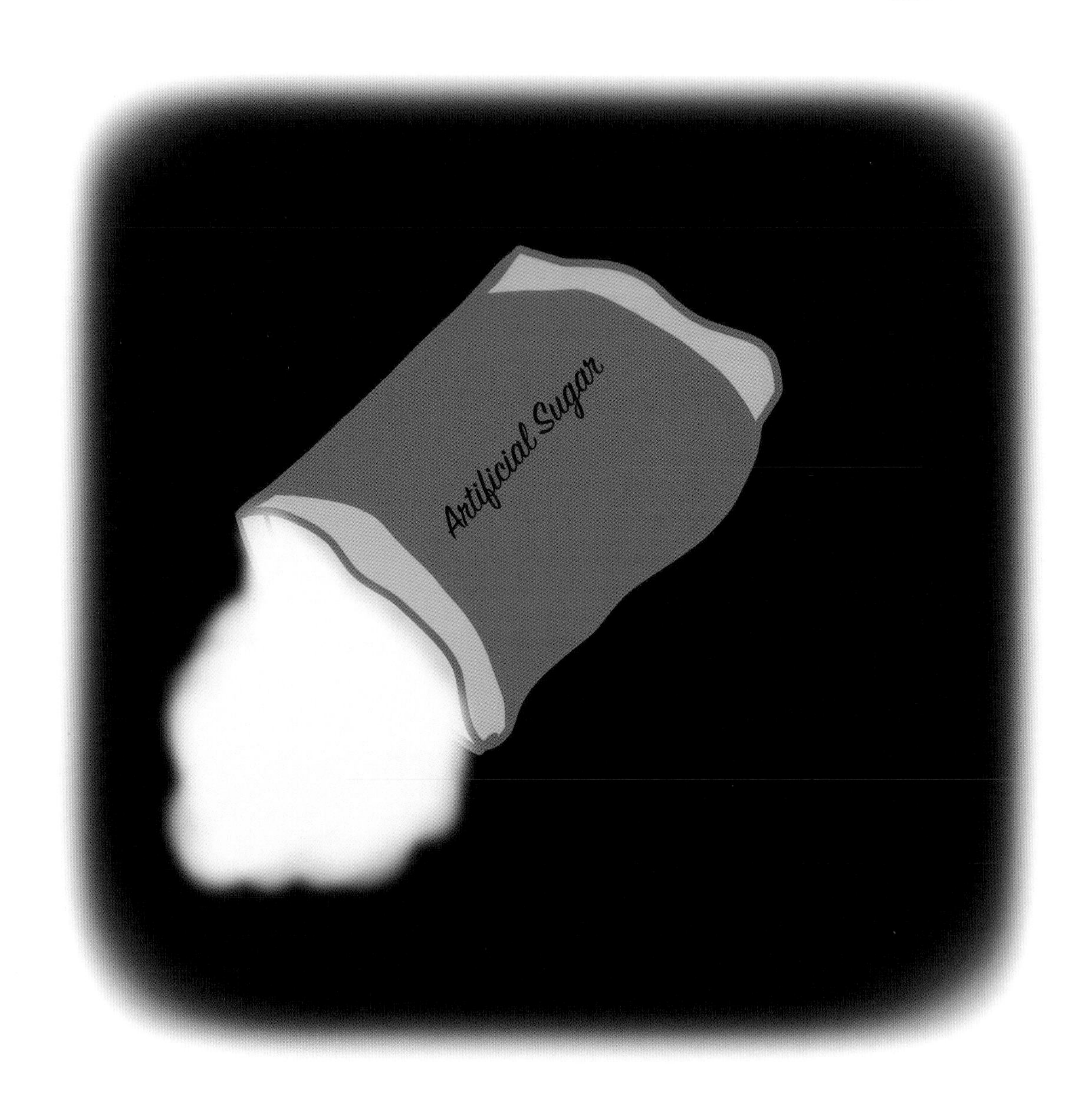

synthetic sweetners rely on chemicals

桦树补了一句：“我同意。而且，吃那些合成的甜味替代品简直像吃石油一样。”

“你还真是见多识广。人工合成甜味剂的原料和能量基本是靠化学制品提供的。很难想象人们有兴趣用这些人造产品来满足吃甜食的欲望。”

“I agree. All those synthetic alternatives is like eating petroleum,” adds the birch.

“You are so well informed. Synthetic sweeteners rely on chemicals so much for their material and their energy. It is difficult to imagine that people are interested in sating their appetites for sweet things with these artificial products.”

“是啊，咱们就说说从叶子、果实和树木中提取的糖吧，别提那些实验室制造品了。”

“大自然中天然的甜食那么多，怎么还会有人想去吃合成的呢？”

“Yes, let’s talk about sugars made from leaves, fruit and trees, and not the ones that are created in labs.”

“Nature is so full of sweetness that it is hard to imagine why one wants something that is synthetic.”

从叶子、果实和树木中提取的糖……

Sugars made from leaves, fruit and trees ...

对肝脏造成负担……

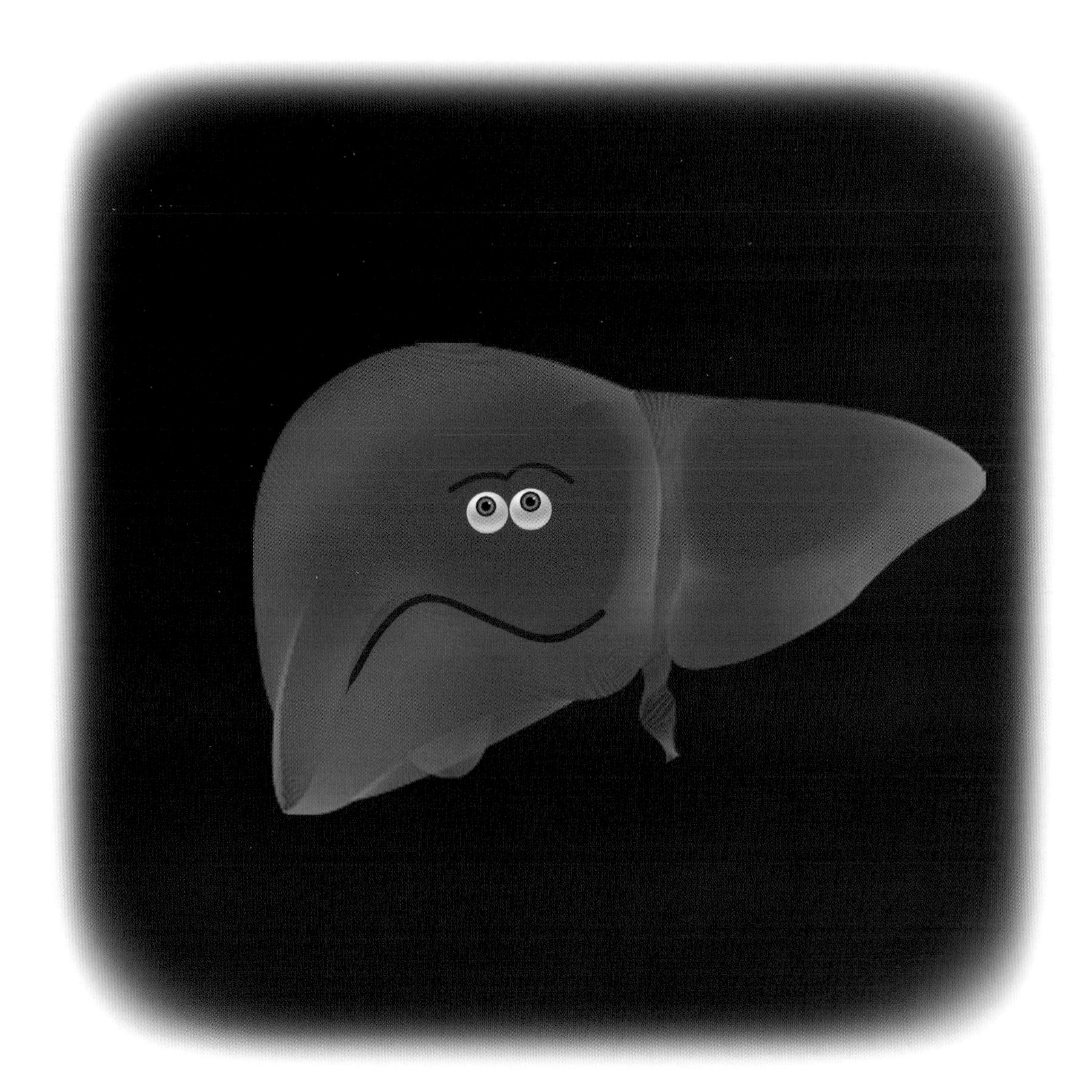

Hard on the liver ...

“不过，糖确实有一个缺点，就是会对肝脏造成负担。”

“但别人跟我说人工甜味剂对肝脏的负担没那么重。”

“是，但这些人工甜味剂会反过来刺激我们更想吃甜食，这可不是我们想要的。”

“One of the problems with sugar is that it is hard on the liver.”

“But I am told that these artificial sweeteners are easy on the liver.”

“Yes, but these artificial sugars also increase our craving for sweetness and that is not what we want.”

“话说回来，是什么让你生产的糖如此特别呢？”

“我的甜味来源于一种树。不是随便什么老树都能生产这种糖哦，只有我们桦树才能生产。”

“我知道你生产一种很像枫糖浆的桦树糖浆，你是指这个吗？”

“So what makes your sugar so special?”

“My sweetness comes from a tree. And not just any old tree, it is made by us birch trees.”

“You produce birch syrup like maple syrup. Is that what we are talking about?”

我们桦树才能生产……

Made by us birch trees ...

有利于消灭口腔细菌……

Good for killing bacteria in the mouth ...

“我生产的糖浆会被制成一种糖，叫木糖醇。”

“木糖醇，他们干吗不起一个容易一点的名称呢？”

“木糖醇很甜，同时还有利于消灭口腔细菌。”

“毫无疑问，这可真不错。你的糖提供的可不仅仅是甜味啊。”

“My syrup is made into a sugar called xylitol.”

“Zai-li-tol. They really should have given it an easier name.”

“It is sweet and at the same time good for killing bacteria in the mouth.”

“That is a good thing, I’m sure. You make something that is more than just sweet.”

“那你再跟我说说，你的甜味又为何如此特别呢？”

“我们提供的甜味不含热量，而且尝起来跟天然的糖一样。有了我们，糖尿病病人可以像其他人一样享用甜食。”

“你们的糖也跟我们的一样被用来制造口香糖了吗？”

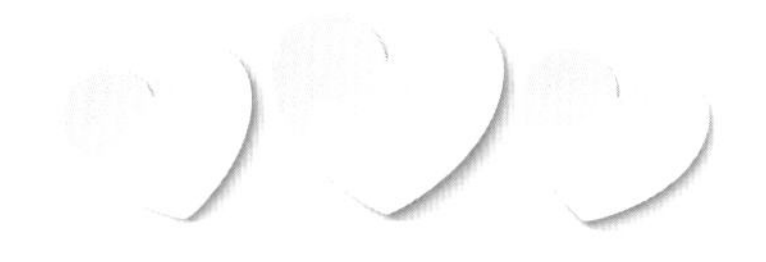

“Then tell me, what makes your sweetness so special?”

“Our sweetness has no calories and tastes like natural sugar. People who are diabetic can enjoy sweetened food like anyone else.”

“Is your form of sugar also good to put into chewing gum, like mine is?”

尝起来跟天然的糖一样……

Tastes like natural sugar ...

制作果酱、糖果、咖啡、茶

Cooking jam, making sweets, coffee, tea

“可能就只有口香糖里见不到我们的身影。但要制作果酱、糖果、巧克力，或是咖啡和茶，都可以使用我们的糖，而且用了我们的糖就不需要别的添加剂了。”

“那尝起来是不是很好？”

“要是不好吃的话，你觉得我们能在日本畅销甜味剂排行榜上登顶吗？”

“我明白了。但你还没跟我说你生长的地方在哪里呢？”桦树追问道。

“That is perhaps the only product where our sugar is not used. But for cooking jam, making sweets, adding to raw chocolate, or to coffee and tea, ours can be added and no additives are needed.”

“And do you taste great?”

“Do you think one becomes the best selling sweetener in Japan if you don’t taste good?”

“I see. But tell me, where do you grow?” the birch tree asks.

“我的家乡是地球上最神奇的地方之一。”

“最神奇的地方？那能是哪儿？南太平洋群岛吗？”

“我的果实在美丽的中国桂林长得最好，那里的山水甲天下……”

……这仅仅是开始！……

“I come from one of the most magical places on earth.”
“Magical? Where could that be? The South Pacific Islands?”
“My fruit grows best in the Wonderful World of Guilin, where the mountains and the water are the finest on Earth...”

... AND IT HAS ONLY JUST BEGUN!...

……这仅仅是开始！……

…AND IT HAS ONLY JUST BEGUN!…

Each taste bud on your tongue has 50 - 100 taste cells.

舌头上每个味蕾由 50 至 100 个味觉细胞构成。

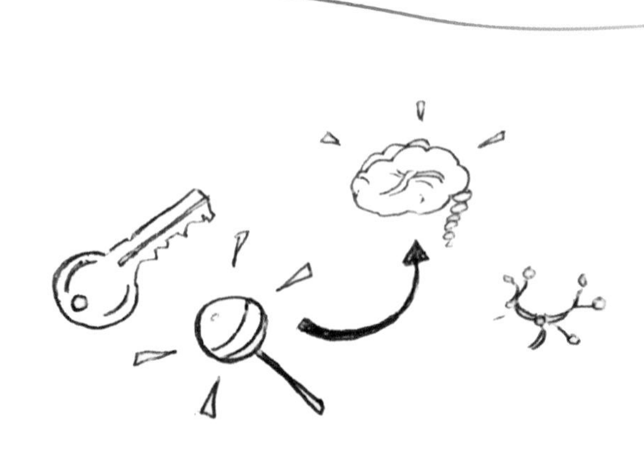

Sugar in food is like the key to the lock of the sweet receptor protein. When they encounter each other, the taste cell gets excited and sends a message to the brain.

食物中的糖分和甜味受体蛋白的关系就好像钥匙和锁一样。当它们彼此相遇时，味觉细胞会产生兴奋，并把信息传输到大脑。

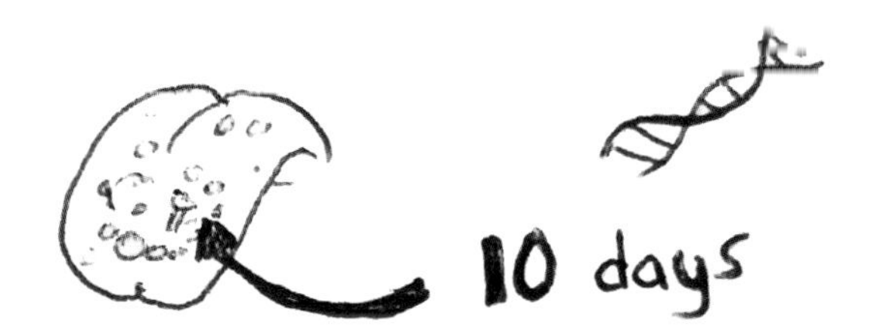

Taste bud cells have a lifespan of about one week, to a maximum 10 days. New taste cells are developed by stem cells.

味觉细胞的寿命约为一周，最长为 10 天。新的味觉细胞由干细胞发育而来。

Cats do not have sweet taste bud receptors so do not enjoy sugar. Dogs, pandas, otters and raccoons are able to taste sweetness.

猫的味蕾没有甜味受体，所以它们不喜欢吃糖。狗、大熊猫、水獭和浣熊则能够感受甜味。

There is no formal or independent grading of sweetness. A taste panel of experts determines sweetness with samples of water that have been sweetened.

目前并没有官方的或者独立的甜度分级标准。味觉专家把带有甜味的水作为样本来衡量甜度。

Every artificial sweetener wants to mimic the sweetness of sucrose (beet and cane sugar), or table sugar. The sweetest substance is neotame, which is 7000 times sweeter than table sugar.

每种人工甜味剂都试图模拟蔗糖（甜菜或甘蔗糖）的甜味。目前最甜的物质是“纽甜”，甜度至少是蔗糖的 7000 倍。

The Luo Han Guo plant (*Siraitia grosvenori*), a cousin of the cucumber, is farmed in the Guangxi Province of China and has been used as a sweet, medicinal cure for centuries. It contains mongrosides, which are about 300 times sweeter than sucrose.

罗汉果是黄瓜的亲戚，作为一种带甜味的药材在中国广西壮族自治区已有几个世纪的种植史。罗汉果含有罗汉果甜甙，一种甜度为蔗糖的 300 倍的成分。

Xylitol was originally made from fermented plant pulp, especially that made from birch bark. Lately it is produced from genetically modified corncobs, stalks and husks. It is toxic to dogs.

木糖醇最初提取自经过发酵的植物原浆，特别是桦树树干的原浆。现在人们开始从转基因玉米的芯、茎和苞叶中提取木糖醇。注意：这种物质对狗有毒。

What is your favourite source of sweetness? Sugar from fruits, sugar from a tree or sugar made from chemicals?

你最喜欢哪种甜味食物？是水果、来自树木的糖还是化学合成的糖？

Do you mind if the source of sugar is a genetically modified corn crop, or do you prefer an organic fruit?

如果你所吃的糖产自转基因玉米，你会在意吗？还是说你更想选择有机水果？

Are you worried that sugar will affect your teeth, and make you gain weight?

你会担心吃糖后出现蛀牙或者变胖吗？

How do we explain that sugar is made out of carbon, hydrogen and oxygen, and yet by simply putting these atoms together, it does not produce a sweet taste? What is missing?

糖是由碳、氢、氧原子组成的。然而我们若是仅仅把这些原子随便组合在一起，往往无法产生甜味。如何解释这一现象？到底缺了什么？

Get five types of sugar from the store: sucrose from sugar beets or sugar cane, aspartame, stevia, xylitol and Luo Han Guo's sugar known as Lakanto®.

Ask the people around you if anyone knows which of these sweeteners are artificially synthesised, and which are extracts and/or concentrates of a natural source.

When you tell people which are synthetic or not, does it change their preference?

从商店获取五种甜味剂：蔗糖、阿斯巴甜、甜菊糖甙、木糖醇以及主要提取自罗汉果的乐甘健。考考周围的人，问他们知不知道这些甜味剂中哪些是人工合成的，哪些是从天然成分里提取、浓缩获得的？告诉他们这些甜味剂是否是人工合成的，看看他们对糖的偏好会不会发生变化。

学科知识

Academic Knowledge

生物学	糖的主要来源是树的汁液、根系、花蜜、种子、果实及叶子；蔗糖产自甜菜或者甘蔗；乳糖是牛奶中的一种天然糖分；大部分植物的组织中均含有糖分；糖是糖尿病、心血管疾病、龋齿的主要诱因；糖类是除了谷物及植物油以外供能（卡路里）比例最高的食物；焦糖是将糖加热后得到的产物；香草糖是将糖和香草豆或香草提取物混合后制得的，85%的香草都是人工合成的，只有15%产自香草树。
化学	糖分子包括葡萄糖、蔗糖、乳糖、果糖、麦芽糖及半乳糖，它们分别属于单糖或双糖，属可溶性碳水化合物；糖很容易被火焰点燃；糖醇类物质被用于口香糖的制作；蜜蜂能利用花蜜制作蜂蜜；碳水化合物是生物体内含量最丰富的一类有机化合物，二氧化碳在叶绿素的帮助下经过光合作用吸收光能，形成碳水化合物。
物理	糖类可以降低水的表面张力，改变膜的屏障功能。
工程学	粗糖首先经过提纯工序得到糖浆，经过碳酸化或磷酸化纯化为糖晶体，最后经过活性炭完成脱色；制酒过程中的发酵作用可以将果糖转化为酒精；一些经过培育的细菌可以将糖直接转化为工业酒精。
经济学	随着世界对糖的“胃口”越来越小，相关作物被越来越多地用于生产生物乙醇及生物聚合物（生物可降解、可再生塑料）；为了抑制相关消费，一些政府开始征收糖税以提高甜味剂的价格。
伦理学	过度吃糖会损害我们的健康；糖的纯化过程会去除其中的维生素和矿物质；如果我们不减少每日糖摄入量，宣传有机糖又在多大程度上是合乎伦理的呢？
历史	糖在最初被发现的时候并没有被用作甜味剂，而是被当成了一种药材；12世纪，威尼斯城邦在黎巴嫩殖民地建立了糖加工厂；古巴最早的制糖工厂在1520年开始运作，当地的制糖作物由哥伦布最早引进；加勒比地区糖作物的种植是促进奴隶交易增长的重要因素。
地理	糖起源于南亚及东南亚；巴西和印度是当今世界最大的产糖国。
数学	糖的种类和口味并不简单地由分子中包含的碳、氧及氢原子的数量决定，而取决于分子的三维几何结构。
生活方式	儿童吃糖过多可能引发多动症。
社会学	糖的英文 candy 来源于खण्ड（khanda），在印度次大陆诸语言中意为“晶体”；sugar 这个英文词最初可追溯到梵文的शर्करा（śarkarā），后传入波斯演变成了شکر（shakkar），最终变成了如今的英语形式。
心理学	糖是可以使人成瘾的；消费者会更倾向于购买白砂糖，尽管这些糖缺乏矿物质和维生素。
系统论	糖与奴隶制、过度用水都存在一定的联系。

情感智慧

Emotional Intelligence

桦　树

桦树说话很直接，有清晰明确的想法。他把讨论引向了个人喜好的主题，但也随时准备好提出疑问，例如他指出一些天然的甜味剂也是有缺点的，摄入过多会对肝脏有害。他很自信，多次重申自己作为一棵桦树的身份。他表达了对自己生产的糖的见地，运用了专业术语，并解释了这种糖的各种用途。桦树表现出了共情，询问罗汉果是什么让他的糖如此特别。桦树一步步提出新的问题，以便进一步认识两种糖的背景，理解两种糖之间的差别。

罗汉果

罗汉果直言不讳。他很欣赏桦树渊博的知识，并赞扬了他。罗汉果质疑了人类在市面上有那么多天然甜味剂时仍选择人工甜味剂这一做法。尽管如此，他还是愿意考虑人工甜味剂好的方面。罗汉果询问桦树何以如此特别，并请对方给出细节以便理解。在对方使用生僻词汇时，罗汉果老实承认他并不知道这些词的含义。在理解了之后，他立刻赞扬了桦树。罗汉果毫无保留地分享所有的信息。对话在友好的氛围中继续，罗汉果一点点揭开了自己发源地的秘密。

艺术

The Arts

糖果艺术品可以让人获得视觉和味觉的双重享受。那么如何利用糖做出精美的造型呢?把糖倒进水里，用小火加热并搅拌，使糖充分溶解。将糖水煮沸，去除上面的泡沫，直到糖浆已经澄清并开始固化（这个过程很烫，所以请务必小心！）。等糖稍稍冷却后直接用手操作。一只手托住糖块，另一只手不断进行拉伸和折叠，直到整个糖块表面变得丝滑并富有光泽。取下一块糖，用手捏出一个造型，把剩下的糖放在一盏热灯底下。把你亲手完成的作品放在一张蜡纸上，等待其彻底固化。

思维拓展

Systems: Making the Connections

糖最初由印度和新几内亚的居民带给世界，后来种糖业随着殖民运动传播到了全球各地，并带来了数以亿计的贸易额。但那个年代“糖”的概念和现在其实存在着巨大的差别。如今玉米糖浆已经成为美国人满足甜味的第一选择，食用合成糖的趋势正快速蔓延全球。甜菜和甘蔗的市场不断萎缩，农民被迫转型生产其他工业品，如生物乙醇。这样做的缺点在于生产过程会消耗大量的水，同时产生大量难以处理的废物；而生产生物乙醇对于逆转气候变化并没有显著的突破性作用。糖业其实是个内容丰富的领域。除了燃料之外，糖在可再生聚合物的设计以及清洁用品等方面还有很广阔的前景。可发酵糖已逐渐成为棕榈油的替代品，而生产快速止痛药等药品过程中用剩的糖类物质可以作为可发酵糖的原材料。摄糖量的不断增加，给公众带来了许多健康问题，如儿童多动症、糖尿病以及肥胖等。基于商业因素，自然界的天然糖类物质如今已经很难与市场流通的合成糖类进行竞争。人们需要重新对合成甜味剂的生产过程进行评估，给自然界储量丰富的天然糖类一个机会——它们相比较主导当今市场的白砂糖而言，对环境和公众健康的影响要小很多。在这样的背景下，罗汉果糖开始受到人们的欢迎。在中国流传着一个有关罗汉果的传说：在一千多年前一些和尚种植了一种圣果，因其味道甜美备受赞誉，还被用来制作仙丹，服之可增强真气，“罗汉果”因此得名。

动手能力

Capacity to Implement

研究罗汉果名字的来由、发源地以及这种产品是如何打入当今市场的。尝试在30秒内阐述：假设你某一天想吃带甜味的食物，为什么产自桂林的罗汉果会成为你的选择？把相关论据准备充分，然后思考如果你是辩论的反方（生产人工甜味剂的厂商），你应该用哪些论据来辩驳正方的观点，证明罗汉果提取物并不能取代目前占市场主导地位的产品？

故事灵感来自

更家悠介

Yusuke Saraya

更家悠介早年从事微生物学研究，后致力于促进公众健康及环境保护等工作。作为家族企业中的创新者，更家悠介努力尝试改变公司的发展方向，包括开发传统制皂业、开展其他清洁业务等。他还涉足健康市场，研发了以罗汉果甜甙为主要成分的乐甘健产品，并将其拓展应用到多种产品。他还为不丹的肥皂果提取物生产项目提供了支持。在意识到加里曼丹岛生态环境受到棕榈油公司的破坏之后，更家先生开始为保护当地侏儒象的多项行动提供支持。他希望这些行动能促使棕榈油供应商在沿河两岸留出一公里的预留地，从而改善野生动植物的生存现状。他是日本“零排放研究创新基金会”创始人，同时长期支持儿童教育项目。

图书在版编目（CIP）数据

谁最甜？：汉英对照 /（比）冈特·鲍利著；（哥伦）凯瑟琳娜·巴赫绘；章里西译．— 上海：学林出版社，2017.10

（冈特生态童书．第四辑）

ISBN 978-7-5486-1249-0

Ⅰ．①谁… Ⅱ．①冈… ②凯… ③章… Ⅲ．①生态环境－环境保护－儿童读物－汉、英 Ⅳ．① X171.1-49

中国版本图书馆 CIP 数据核字（2017）第 143415 号

著作权合同登记号 图字 09-2017-532 号

冈特生态童书
谁最甜？

作　　者—— 冈特·鲍利
译　　者—— 章里西
策　　划—— 匡志强 张　蓉
特约编辑—— 隋淑光
责任编辑—— 汤丹磊
装帧设计—— 魏　来
出　　版—— 上海世纪出版股份有限公司学林出版社
　　　　　　地 址：上海钦州南路 81 号 电话 / 传真：021-64515005
　　　　　　网 址：www.xuelinpress.com
发　　行—— 上海世纪出版股份有限公司发行中心
　　　　　　（上海福建中路 193 号 网址：www.ewen.co）
印　　刷—— 上海丽佳制版印刷有限公司
开　　本—— 710 × 1020 1/16
印　　张—— 2
字　　数—— 5 万
版　　次—— 2017 年 10 月第 1 版
　　　　　　2017 年 10 月第 1 次印刷
书　　号—— ISBN 978-7-5486-1249-0 / G.475
定　　价—— 10.00 元